素质教育必备　校本读物首选

中小学生法制教育知识手册

主编　马利虎

学法·懂法·守法·用法
自尊·自爱·自强·自信

东南大学出版社
·南京·

图书在版编目(CIP)数据

中小学生法制教育知识手册/马利虎主编. —南京:东南大学出版社,2010.12(2013.8重印)
(中小学生安全·礼仪·法制·环保·卫生防疫知识)
ISBN 978-7-5641-2557-8

Ⅰ.①中… Ⅱ.①马… Ⅲ.①社会主义法制-法制教育-中国-青少年读物 Ⅳ.①D920.5

中国版本图书馆CIP数据核字(2010)第248538号

中小学生安全·礼仪·法制·环保·卫生防疫知识丛书

出版发行:东南大学出版社
社　　址:南京市四牌楼2号 邮编:210096
出 版 人:江建中
网　　址:http://www.seupress.com
主　　编:马利虎
经　　销:全国各地新华书店
印　　刷:淮安市亨达印业有限公司
开　　本:850mm×1168mm　1/32
印　　张:15
字　　数:360千
版　　次:2010年12月第1版
印　　次:2013年8月第2次印刷
书　　号:ISBN978-7-5641-2557-8
印　　数:40001~120000
定　　价:65.00元(共5册)

编者寄语

青少年是祖国的未来、民族的希望，青少年的健康成长直接关系到祖国的前途和命运。不过，很多青少年由于涉世不深、思想单纯、法律意识淡薄，合法权益经常受到侵害，依法自护自救的能力还比较薄弱，违规违纪甚至违法犯罪现象时有发生。为了加强对青少年的法制教育，帮助他们学习法律知识、提高法制意识，预防和减少违法犯罪，使他们能够健康成长，我们编写了《中小学生法制教育知识手册》。该手册内容新颖、知识丰富，而且图文并茂，所配漫画紧贴内容，幽默风趣，深受广大青少年所喜爱。希望广大青少年都能认真学习这些知识，提高法律意识，增强自我保护能力，并能运用法律武器维护自己的合法权益，使自己真正成为有理想、有道德、有文化、有纪律的社会主义事业合格的接班人。

父母写给孩子的话

孩子，我的宝贝：

我能给予你生命，但不能替你生活；

我能教你许多东西，但不能强迫你学习；

我能指导你如何做人，但不能为你所有的行为负责；

我能告诉你怎样分辨是非，但不能替你做出选择；

我能教你如何尊重他人，但不能保证你受人尊重；

我能告诉你真挚的友谊是什么，但不能替你选择朋友；

我能对你谈人生的真谛，但不能替你赢得声誉；

我能告诉你必须为人生确定崇高的目标，

但不能替你实现这些目标；

我能教给你做人的优良品质，

但不能确保你成为善良的人；

我能责备你的过失，

但不能保证你因此而成为有道德的人；

我能告诉你如何生活得更有意义，

但不能给你永恒的生命；

我能肯定我将尽自己最大努力给予你最美好的东西，

但不能给予你前程和事业；

……

孩子，我能为你做很多，因为我爱你，

但是，你要明白，即使我愿意永远和你在一起，

也是要由你自己做出那些重要的决定。

为此，我只求灿烂阳光永远照亮你的人生之路，

使你总能做出正确的决定。

——摘选自《母亲的一封信》

目　录

第一篇　青少年违法犯罪典型案例选辑

青少年是祖国的花朵。他们正处于长身体、学知识、为美好的未来积蓄能量的黄金时段，美好的理想、人生的价值都有待于他们去实现。然而，有的青少年却由于种种原因，在懵懂之中误入歧途，走上了违法犯罪的道路，在人生的履历表上写下了极不光彩的一页。有的身陷囹圄，有的坏名远扬，有的甚至还付出了生命的代价。违法犯罪，人们深恶痛绝，但与此同时，人们对这些花儿的过早凋零又感到扼腕叹息。

为此，我们收集整理了20个具有代表性的青少年违法犯罪的案例。这些案例内容真实，个个典型，教训深刻，但愿能引起广大青少年学生的反思和警醒。

另外，对于青少年违法犯罪具体原因的分析和预防方法，请参见第二篇：如何预防学生犯罪。

案例1:觉得救火很好玩　少年纵火几十起

7月9日深夜,一个黑影窜到陶圩村一农宅前,先用草绳拴住村民的大门,又用火柴将墙边的草垛点燃。顷刻间火光冲天,农户家危在旦夕……黑影正准备逃走时,被蹲守已久的巡逻警察一举擒获。

据交代,该“黑影”叫吕俊,14岁,读六年级,已连续纵火23起,烧掉草垛34个,有的农户甚至被连续烧了3次。至此,困扰当地警方和村民几个月的系列纵火案终于告破。

让人惊讶的是,吕俊纵火的动机竟然是因为不久前在城里看见消防车灭火感到很刺激,觉得着火、灭火很好玩。他放火烧草垛,是希望引来消防车灭火。他拴住大门是为了避免村民自救。幸好每次都被及时发现,均没有造成屋毁人亡的严重后果。但是,他的行为影响极坏,且给当地百姓的精神和财产都带来了很大的损失。近日,吕俊因犯故意纵火罪已经被警方刑事拘留。

中小学生法制教育知识手册

案例2:昔日好学众人夸　一夜抢劫成犯人

在父母和老师眼里的好学生,一夜之间却成了抢劫犯!15岁的张明因犯抢劫罪日前被城北区法院判处有期徒刑8年。

张明今年上初二,家境好,成绩优。从上幼儿园直到初一,他都品学兼优。升入初二后,有一天,他偶然跟班里的几个“哥们”在路上“欺负”了一个成年男人,并从其身上抢了94元钱,然后用这些钱到酒店“潇洒”了一回。

第一次抢劫很害怕,但那种怕也让他感觉到一种刺激。当时他还不懂得这是犯法,他认为很好玩,于是和那几个同学又去做了第二次、第三次……不到半年,他们抢劫18起!他们的行为使当地百姓失去了安全感,造成了极坏的社会影响。为此,公安部门布下法网,昼夜蹲守。最终,一副副冰凉的手铐戴在了他们稚嫩的手上!

案例3:娇生惯养生恶习　遭到指责竟投毒

8月8日9时,陈伯从田头回到家,盛了一碗饭刚吃几口,便觉得怪味难闻。他仔细一看,早上刚煮的饭既变色也变味了。许多邻居看后,都觉得肯定是有人投毒,于是便保护好现场并及时报了警。警察查验后不久,便把陈伯的侄子陈虎带走了。近日,陈虎已被正式批捕。

据审查,陈虎是独生子,今年15岁,读六年级,家境贫寒。他平时被娇生惯养,导致恶习缠身、好逸恶劳、孤傲任性、胆大妄为、不肯学习,而且手脚也不太干净。

8月5日,陈虎又到大伯家看电视,趁人不在时便偷走伯父床头仅有的58元钱。伯父心知肚明,有苦难言,便借口他事指责他几句又婉言拒绝他再来看电视。面对指责,心虚而骄横的陈虎心中不快,数夜难眠,他生怕伯父说出去,日后难以见人,便产生了一个歹毒的念头。于是,8日早晨,趁伯父下田,便悄悄地把家里治虫的乐果掺入伯父的饭锅中……

案例4:上网成瘾盗钱财　良知泯灭杀亲人

两年前,小孙开始沉迷于网吧,学习成绩陡然下降。小孙的妈妈买来台球桌让他照看,想转移他的兴趣,没想到小孙把看台球桌挣的钱全拿去上网了。后来家里断了他上网的钱,小孙就想到了偷。今年6月上旬,小孙偷了爸爸1800元在网吧待了一个星期,父亲的打骂此时对他来说已不起任何作用。仅隔几天后,上网的欲望又像蚂蚁一样噬咬着他的心,这时,他想到了父亲才给奶奶的生活费。晚上,他看奶奶睡了,就去翻钱。响声惊动了睡梦中的奶奶,他不顾一切地抓起菜刀砍向了奶奶,奶奶倒在了血泊中……

小孙翻箱倒柜,只在奶奶兜里找到了2元钱,那是奶奶为孙子准备的早点钱。小孙捏着2元钱躲在村口的一个草垛里,思来想去,还是投案自首了。小孙在看守所里很后悔,常泪流满面。他最想念的就是九泉之下的奶奶,因为奶奶从小最疼爱他,有什么好吃的都惦记着他。

案例5:少女贪财偷同学　民警责令严管教

10月20日，新疆生产建设兵团某学校两女生的租住屋内发生了一起盗窃现金案，让人想不到的是作案者竟然是亲密无间的同住女友。

同是13岁的小莲、小倩是同班同学，两人为了更好地学习，同租了一间房屋，吃、住、上学都在一起。两人年龄相仿，很快便建立了深厚的友情，成为无话不谈的好朋友。

前一天，两人从家回到租房内，小莲告诉小倩说她把生活费500元放在了自己的枕头里了，打算明天交。可到放学后她们一起回到了房间，发现小莲的钱没了。小倩还帮着小莲把房间找了个遍也没找到，于是两人随老师报了案。民警在学校的帮助下终于查清：原来就是小倩作的案，并且小倩以前也曾偷过小莲的钱藏在厕所里！最后，民警对小倩讲明了问题的严重性并告诫她已经触犯了法律。鉴于是未成年人作案，民警责令小倩由家长领回严加管教。

案例6:点滴纠纷本可避　互不相让毁前程

3月20日,青安公安局刑警大队快速出击,侦破一起杀人案,在附近山洞中抓获年仅16岁的犯罪嫌疑人张兵,使这起因点滴纠纷引发的学生斗殴致命案成功告破。

3月19日早晨,四中学生马伟吃过早饭后返回教室,走到二楼楼梯口时,随意将饭盒内的剩水泼向楼下,碰巧泼在准备上楼的张兵身上,张兵便到二楼找马伟理论。马伟不但不道歉,反而打了张兵一拳,张兵觉得十分委屈。中午午餐时,张兵遇到马伟,便报复性地将半饭盒水泼在马伟身上,于是两人又打起来,后被围观的同学劝开。傍晚课外活动时,马伟邀集同学杨威等人在学校篮球场准备教训张兵。当张兵过来时,马伟、杨威等人冲过去,将张兵围住拳打脚踢。只听一声惨叫,杨威突然倒在地上,胸部出血,很快就死亡了。

经法医鉴定,杨威是被锐器刺中心脏致死的。原来张兵为斗殴准备了防身利器。

案例7:义气帮忙致伤残　恶果酿成悔已晚

陈达和罗晶两少年因义气帮忙而“帮”进牢房,令人深思。8月15日晚,均17岁的陈达和罗晶接到同学顾强的电话,顾强说白天被人殴打,请二人帮忙去教训对方。于是,二人各带一把砍刀并立即邀约十几个同学与顾强会合后,在街上到处寻找白天与顾强打架的肖林等人。当晚八点,在县城某游戏机房找到肖林等人,陈达和罗晶为首把对方砍伤致残后逃离现场。案发后二人意识到事态严重,便主动到公安机关投案自首。

有的青少年喜欢拉帮结派,讲哥们义气,一人有事,便邀约多人打架斗殴,寻衅滋事,扰乱社会治安,这是违法的。同学、朋友之间有事互相帮忙乃人之常情,但是不分好坏乱帮一气是要出问题的。因此,给同学、朋友帮忙,一定要三思而后行,是好事就积极主动用心去帮;是坏事甚至违法犯罪的事,不仅不能帮,而且还须劝阻、制止,否则害人害己。

案例8:爱慕虚荣骗恩师　诡计施尽终被擒

一个17岁的女生，谎称其父是将军，可以给老师的亲友办上军校指标，骗取老师4万元后，被洛阳市人民法院以涉嫌诈骗罪，判处有期徒刑两年、缓刑三年并处罚金2万元。

前年12月7日，洛阳市某派出所接到报案，称洛阳某中学有一名叫谢丽的女生涉嫌诈骗。民警随即展开调查:谢丽住洛阳郊区的一个乡村，谢的父亲常年给别人打工，母亲无业，全家人都靠父亲出卖体力劳动赚钱维持生活。但是，因爱慕虚荣，喜欢上网的谢丽向自己昔日的恩师赵老师谎称其父是将军，部队有个上军校的名额可以帮老师的亲友办到。当时赵老师信以为真，刚好赵老师的外甥也想上军校，于是就请谢丽帮忙，并按谢丽的要求先后付给她4万元钱。可是谢丽拿到钱后编了许多幼稚的故事，一会儿说去北京，一会儿说去上海，还说坐军用直升机，最后又以病危死亡的谎言想为她的诈骗行为画上句号，这才引起了老师的怀疑，最终报案。

案例9:只因违纪挨批评　挥刀斩师四手指

在合肥双墩某中学,15岁的兵兵(化名)母亲患有精神疾病,父亲常年在外打工,家教基本无人过问。因为他经常旷课、迟到、打游戏,常被老师叫到办公室。这次因他前天与老师闹矛盾,老师怕影响大家上课让他站到门口等他父亲来处理。他不满,拿来一把砍刀冲到办公室,砍断了老师左手的4根手指。事情发生后,派出所接到报警立即出警将兵兵带走,兵兵随后被刑拘。

事发前一天下午,兵兵像往常一样又迟到了,老师便拿起外语书,边说边准备敲一下他的头,提醒他“下次不要迟到了”。结果书还没敲到他,他就拿起椅子砸向老师的头,老师躲闪的时候,他用桌子上的录音机把老师的眼镜砸到地上并踩碎了。当时老师给兵兵的父亲打了电话,告诉其事件的经过,而其父亲也同意次日到校与老师沟通。没想到第二天其父还没有到,就发生了刀砍老师的事。

中小学生法制教育知识手册

案例10:儿童被控入团伙　疯狂盗窃被抓获

兰州市城关公安分局于10月22日破获一操纵儿童盗窃的团伙案,刑拘了3名主要成员。他们同伙当中,负责扒窃的只有13岁,而且这个少年竟然在十天之内从路人的口袋里偷走了7万元!

10月20日,袁女士在某商场门前打电话时,发现自己装有5000元现金以及数张银行卡的钱包不翼而飞,于是马上报警。张掖路派出所所长宋兰军、副所长徐天祥连夜组织研究方案,并制定了严密的行动计划。

22日中午12时,在西关某商场前,一个形迹可疑的男孩经过反复物色,尾随一名妇女准备实施扒窃,就在他准备动手时,民警将其控制。在派出所,这个男孩交代他叫阿里木,新疆人,被其他三名男女控制,在兰州已扒窃了一个多月,自己确实偷过袁女士的钱包。根据阿里木的交代,民警迅速赶赴操控阿里木的几名同伙暂住的宾馆将他们抓获。

案例11:欺负弱小本不该　敲诈勒索被刑拘

14岁辍学少年在校园周边向学生收取“保护费”,以满足自己上网和抽烟之需。仅两个月内,少年持刀威胁、殴打、抢劫8名学生,作案17起。日前,这个少年因抢劫和敲诈勒索,已经被警方刑拘。

6月7日,闸北派出所在辖区开展社会治安秩序排查中发现:一名辍学少年杜飞(化名)滋扰校园秩序,抢劫在校学生的钱物,在学生中造成了极其恶劣的影响,警方依法传唤了少年杜飞。据杜飞交代,他随身常带弹簧刀,遇到用语言威胁吓唬不了的学生时,就持刀进行威胁。大多数受害学生因为年幼胆小,受到杜飞的威胁后都委曲求全。直至杜飞被警方刑事拘留后,警方给学生和家长做了大量的思想工作,才卸下他们的心理负担。

杜飞被抓,师生和家长拍手称快。校园教学秩序得以恢复,孩子的人身安全问题再也不用担心了。

案例12:家境贫寒当自强　强取豪夺进牢房

某校高年级四名学生家境比较贫寒,但由于受社会不良习气的影响,经常模仿有钱人穿名牌,上酒店,大把大把地花钱。而这些消费是他们家长的经济能力无法承担的。怎么办呢?他们不想靠努力学习来改变命运,反而受不良影视片的影响决定抢劫。

于是,他们经常纠集在一起,晚上持刀闯入本校宿舍,对外地来的学生进行威胁,索取钱财,猖狂时甚至一个一个宿舍挨着抢,同学们看到他们穷凶极恶的样子,都敢怒不敢言。发展到后来,他们竟然在学生晚自修时强行搜身。这样,不仅影响了学生的学习,还给学生造成极大的精神负担,甚至导致有的学生不敢上学。他们这种无法无天的行为给学生的身心健康、财产安全以及学校的教学秩序都造成了严重的危害。学校处理他们,他们还认为抢同学的钱无所谓。最后他们全部被警方抓获,送进牢房接受法律的严惩。

案例13：少年辍学迷网络　团伙盗窃为游戏

10月10日凌晨2时，4个黑影手持破坏钳、起子等工具，在相互掩护下撬盗一辆电动自行车。闻讯而来的民警将几人抓获，经审讯，他们因迷恋网络游戏而出手盗窃，年龄最大的16岁，最小的仅13岁。

当天凌晨2时许，马街派出所接到报案，称曲靖市陆良县马街二中的教师停车棚内有几个黑影在晃动。闻讯而来的民警将4人抓获，并于当天早晨7时许抓获了另外两名嫌疑人。民警审查得知，6人皆为未成年人，都已辍学。他们经常出入网吧，迷上了网络游戏。由于没钱玩游戏，便邀约一起盗窃。自今年8月份以来，这个盗窃团伙共盗窃电动自行车3辆。

目前，6名嫌疑人中，两名满16周岁的未成年人已被刑事拘留，另外不满16周岁的4名未成年人已被警方责令家长严加管教。

案例14：游戏录像慎接触　不良文化害死人

攥着抢来的200元钱，听到挣扎着的老板娘在哭喊着他的名字，惊恐万状的张浪又回过头在她身上补上4刀，便飞快地跑了。3小时后张浪被捕，近日，他因犯抢劫杀人罪被判处无期徒刑。

张浪今年15岁，小学没毕业就辍学在家。以前他成绩很好，后来迷上了游戏和录像，他特别喜欢舞刀弄棒、惊险刺激的节目，并幻想着自己成为英雄武士。因此，他一有空就泡在游戏室或网吧里，导致成绩很快下滑，不久便辍学。

7月13日早上，张浪帮家里卖豆腐，卖了两百元钱。路过游戏厅门前时，录像中赌王的风采立刻跳进他的脑海，他不由得走了进去，结果把两百元钱输光。张浪心里害怕，觉得无法向父母交代，情急之下，他拿出划豆腐的刀子架到老板娘脖子上。得知放钱的地方后，他凶狠地朝老板娘后背捅了5刀，抢了200元钱就跑。然后就发生了开头的一幕。

案例15：冒用身份去上网　查到被拘或罚款

近日，珠海市公安局香洲分局网监大队联合梅华派出所在某网吧进行检查时，发现坐在某号机位上网的符某使用的居民身份证与本人真实身份不符，依法对其做出行政拘留十日的处罚。

符某于去年4月在路边拾得一张他人身份证，从此以后，他多次用这张居民身份证到网吧上网。警方表示，由于符某自拾得他人身份证后，多次用该证冒名进入网吧，他的行为已触犯法律。

居民身份证法规定，有下列行为之一的，由公安机关处200元以上1000元以下罚款，或者处10日以下拘留，有违法所得的，没收违法所得：冒用他人居民身份证或者使用骗领的居民身份证的；购买、出售，使用伪造、变造的居民身份证的。对有上述所列情形之一，从事犯罪活动的，依法追究刑事责任。对伪造、变造居民身份证的，依法追究刑事责任。

案例16:男孩网吧结团伙　特邀少女帮抢劫

3个男孩在网吧相识,结成了作案团伙,为了抢劫顺利,他们还特拉了一名女孩下水,让女孩充当掩护,抢劫出租车司机。

6月7日晚,包头警方抓获了兰某等3名经常盗窃摩托车的犯罪嫌疑人,据犯罪嫌疑人交代,他们共盗窃作案11起,另外还伙同他人抢劫出租车司机14起。在抢劫出租车司机的案件中,17岁的少女霍某最引人注目。兰某说,霍某是他的女友,十分"勇敢",有她协助很顺利,因为警惕的出租车司机见有女孩上车就放松戒备。他们策划细致,配合默契,当3个男孩控制了司机后,霍某则协助他们作案和开门逃跑。

直至去年11月,兰某因盗窃东窗事发,被青山区法院判刑半年,他们的抢劫犯罪行为才停止。今年兰某刑满释放后,他们又纠集在一起,开始盗窃犯罪活动,直至此次被抓获,等待他们的将是法律的严惩。

案例17:黄色网站乱下载　传播淫秽被判刑

今年17岁的小海是一所中学的学生,平时喜欢上网。前年下半年,他通过别人发的网址登录了名为××的黄色网站,为了免费看到更多的黄色图片、文章,小海按照该网站的要求从别的网站上下载淫秽图片、小说等转贴到××网站上供他人浏览。然而这一切都未能逃过网络警察的法眼。7月21日,马鞍山市花山区人民法院对这起案件作出一审判决,以小海犯传播淫秽物品罪判处其拘役六个月,宣告缓刑六个月。

据查明,小海在该黄色网站以masxh为用户名进行注册,并从其他网站下载淫秽信息上传到该网站供他人浏览、下载。其间共上传12个涉及色情、淫秽信息的帖子,这些帖子被点击数达32972次。此外,小海还将自己的用户名和密码提供给同学使用,让他们浏览该网站的淫秽信息。因小海犯罪时不满18周岁,法院遂依法从轻作出前述判决。

案例18:少年吸毒成了瘾　强制戒毒被管制

近日,无为县公安局刑侦大队禁毒中队根据举报,查获了一名吸毒成瘾的少年陈某,并对其实行强制隔离戒毒。

今年3月,无为县一村民到禁毒中队反映其儿子陈某明显消瘦,整日无所事事,有可能在吸毒。中队民警立即赶到陈某家,当时陈某拴着房门就是不开,僵持了十多分钟后,民警踹开房门,发现陈某正躺在床上。现场发现吸管、锡箔纸等吸毒用具和四把仿真手枪,民警随即将陈某带到刑侦大队审查。经人体尿液毒品检测,陈某的尿检结果呈阳性。

据陈某交代,他从今年春节前开始伙同他人吸食冰毒,每隔五六天就吸食一次。当时,鉴于违法嫌疑人陈某不满18周岁,民警让其母亲将其领回,责令其进行社区戒毒。可是,由于陈某回家后毫不悔改,仍隔三岔五就凶神恶煞地找其母亲要钱购买冰毒吸食。为了挽救孩子,如今,民警已将陈某送去强制隔离戒毒2年。

案例19：团伙寻乐唱歌房　轮奸妇女获判刑

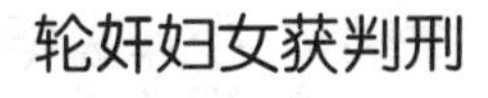

9月29日晚，17岁的刘某伙同甘某、陈某在汉口某码头唱歌，在卡拉OK厅包房内，3人采取持啤酒瓶威胁等手段，强行脱光女服务员袁某的衣服，实施轮奸。后经报案，公安机关将被告人刘某抓获，另外两名同伙一直在逃。

审理查明，刘某读书至初二因不想再读而辍学了，他平时爱好上网，此次犯罪是受不良信息影响导致一时冲动。

事发当晚，刘某吸食了K粉，并约了两位网友一起到KTV包房唱歌，到了包房后，同伙甘某、陈某先要求服务小姐袁某陪唱，然后刘某强行脱掉袁某衣服，3人采取威胁手段，轮流对袁某实施了奸淫。

法院认为，刘某违背妇女意愿，伙同他人，采取暴力相威胁的手段，强行与妇女发生性行为，其行为已构成强奸罪，且属轮奸。刘某犯罪时未满18周岁，可依法减轻处罚，故法院以强奸罪判处刘某有期徒刑7年。

案例20:情感迷失入歧途　一旦失足千古恨

刘美丽年轻、漂亮、表现好、成绩优秀。从小学习美术、音乐、舞蹈,原本是个多才多艺的花季少女,令人羡慕的优秀学生,她自己本来也理想远大,对美好的未来充满信心。可是,她16岁时认识了一个男青年,对方说非常喜欢她,她也就轻易地相信了花言巧语。可那个男青年是个社会小混混,小兄弟很多,经常带着她到处玩,吃饭,逛街,跳舞,打架。她的老师和父母得知后坚决反对,用各种方法教育和阻止她,她都不听,反而搞假自杀逼父母让步。后来,在男朋友的教唆下,她又跟其他小混混逃走,放弃学业,在社会上闲逛、诈骗、盗窃,并且用安眠药使人睡着后进行盗窃,而她自己也遭到了多名混混的强奸,最后和同伙一起锒铛入狱。

一个优秀的学生,一个花季少女,为了一段本不该发生的"恋情"误入歧途,沦为罪犯,付出了自由、前程和青春年华,确实令人深思。

第二篇 如何预防学生犯罪

当前中小学生法制观念比较淡薄，合法权益屡屡受到侵害，依法自护自救的能力还很落后，违规违纪甚至违法犯罪时有发生。加强对中小学生的法纪法规教育，是实现中小学生健康成长、综合素质不断提高的重要保证。做好预防中小学生违法犯罪工作是关系到家庭幸福、祖国命运和民族未来的头等大事。

中小学生违法犯罪的成因是非常复杂的，好逸恶劳、自私贪婪、超现实追求享乐是中小学生违法犯罪的主要内部诱因，家庭问题、社会问题、教育问题、经济问题以及黄、赌、毒等问题是诱发中小学生违法犯罪的外部因素。因此，弄清中小学生违法犯罪的基本特点和主要原因，找到预防中小学生违法犯罪的有效方法以及采取行之有效的得力措施是我们学校从事法制教育工作者的重要工作。

一、学生违法犯罪的主要特点

1.低龄化趋势比较明显

虽然青少年不满14周岁

不负刑事责任，不满16周岁不予刑事处罚(重大刑事案件除外)，但14~16岁这个年龄段违法犯罪的占有相当大的比例，甚至有的10~13岁，就开始走上违法犯罪的道路。

2.突发性暴力犯罪比较突出

恶性暴力侵害犯罪比例增大，突出发生在盗窃、抢劫、侵害、强奸、杀人等犯罪手段上，而且手段极其残忍。

3.结伙作案是主要形式

有些学生哥们义气重，不肯学习，游手好闲，常拉帮结派，打架斗殴，结伙犯罪。

4.盗窃犯罪最为突出

许多学生贪图吃喝玩乐等物质享受，又想不劳而获，从小偷小摸走向盗窃犯罪。这类犯罪中女生也占有不小的比例。

5.低文化、法盲者居多

成绩差、文化水平低、不懂法律法规、家庭和学校管教不严的违法犯罪人员比例居多。

二、学生违法犯罪的主要原因

1.学校不良的教育环境负面影响着青少年学生

学校教育是孩子健康成长的关键。不少学校在教育中不注重素质教育，往往重智轻德，重书本轻实践、重灌输轻创造，片面追求“及格率”和“升学率”，追求“成长教育”，却忽视了“成人教育”，对差生冷嘲热讽、另眼看待，这些都是有失偏颇的。同时，法制教育流于形式，学生法律知识肤浅，法制观念淡薄，遵纪守法意识不强，不能正确地运用法律进行自我约束，自我保护。

2.不良的家庭环境是造成青少年学生畸形成长的重要因素

父母是孩子的第一任老师，家庭教育对青少年的成长起着至关重要的作用。但有五种家庭是孩子健康成长的“障碍”：

（1）溺爱型家庭 有些父母对孩子过分骄纵，孩子做了错事家长不闻不问，孩子提出一些过分和无理的要求，父母也予以满足。这样的家庭，容易养成孩子任性、娇气、粗暴等不良恶习，独立自主性和鉴别力差，在困难面前持失望态度，时间一长，就会产生违法犯罪心态。

（2）教育不当型家庭 这类家庭的子女虽然得到了教育，但由于家长采取粗暴打骂等不当方法进行教育，容易造成子女“压而不服”，形成逆反心理，极易走向反面。

（3）不和睦型家庭 子女都希望从父母那里多得到

些关爱，家庭不和睦，容易引发子女的不稳定情绪，使孩子失去温暖，甚至因产生仇恨铤而走险。

(4)不道德型家庭 这类家庭成员，或有前科劣迹，或品行不端、作风不正。一般来说，家庭中父母的不道德行为或不健康的行为都会给子女提供不良的榜样，使其模仿学习，从而走上邪路。

(5)放任型家庭 这类家庭，父母一方或双方对孩子持放任的态度，对孩子的成长漠不关心，即使有错误的行为也总认为孩子还小，长大了会变好的，甚至对于一些不道德的行为也不加以干涉，孩子遇到苦恼，父母也不劝解。这类家庭父母与子女的关系较为冷淡，子女觉得父母并不关心自己，特别是看到别的孩子得到父母的宠爱时，他们会感到异常的失落，只要有人稍施恩惠，他们即受宠若惊，觉得遇上了好人，不惜一切地为其效劳。

3.不良的社会现象侵蚀着青少年学生的心灵

社会丑恶现象对心理素质尚很脆弱的中小学生来说是一场灾难，一些青少年受此腐蚀、毒害，产生了畸

形心理，逐步转化成犯罪。一些单位和个人在物质利益的驱动下，置伦理道德、法律法规、社会责任于不顾，将封建迷信、渲染暴力和色情等影视、录像、书报等文化产品推向市场，无疑使涉世不深、缺少社会经验、辨别能力差的中小学生产生不健康心理，导致违法犯罪的发生。另一方面社会上追求物质享受和高消费的风气，使得一些中小学生产生盲目攀比和贪图享受的心理，但又无法以正当渠道满足自己的欲望，便结伙作案，以身试法。

4.青少年学生自身的生理、心理特点是构成犯罪的主导原因

(1)青少年正处于生理和心理发育成长阶段，社会阅历少，辨别是非、区分良莠和抵御外界影响的能力差，自控力弱，行为不稳，模仿力强，好冲动，易被诱惑实施犯罪。

(2)有的同学在家庭经济方面与高收入家庭的同学盲目攀比，产生心理不平衡，甚至萌发不良企图。

(3)有的学生精神空虚，没有远

大的抱负和达到精神满足的合法手段、技能，却又不甘于无聊、单调、重复的生活，盲目尝试，喜欢刺激，具有冒险心理，导致暴力性犯罪。

(4)现在的学生大多为独生子女，缺乏吃苦耐劳的精神，对挫折和困境的承受能力较差，但逆反心态较强，不能正确调节和控制自己的情绪，明辨是非的能力低，逆境条件下极易违法犯罪。

三、预防中小学生违法犯罪的基本做法

1.加强法律知识教育，让学生学法、知法、懂法

青少年涉世不深，法律知识欠缺，对什么是违法犯罪分辨不清，自觉或不自觉地就触犯了法律。因此，应让学生了解与自己学习、生活有关的法律知识，增强辨别是非和自我保护能力。

(1)加强法制宣传，让学生增强法律意识 可通过黑板报、画廊、校报或发放普法知识手册等方式宣传护法守法知识。

(2)开设法制课，让学生学习法律知识 学校应每周安排专门的法制课，由教师指导学生有计划地学习《法制教育读本》、《护法守法知识》等，逐步丰富学生的法律知识。

(3)开展法律知识演讲、考试等竞赛 提高学生学习法律知识的主动性和趣味性。

(4)请政法部门人员上法制教育专题课 学校应定期聘请专业人员上一些深入浅出的法制教育专题课。如请交警举办交通安全法规知识讲座,请缉毒警察作“珍爱生命、远离毒品”的报告,请消防官兵讲消防安全知识以及灭火器的使用方法等。

(5)组织学生收看法制宣传栏目 利用学校的多媒体教学设备,组织学生收看“今日说法”等法制宣传节目,让具体事例和专家点评对学生的价值观念和感情倾向产生潜移默化的影响,在帮助学生拓展法律知识、加深理解的同时,激发学生学法、守法的积极性。

(6)开“家长学校·法制课堂” 孩子的健康成长需要家长、学校、社会各方面的共同努力。未成年人及其家长法律意识淡漠、家庭教育方法失当、学校法制教育不到位,是未成年人犯罪或侵害他人权益的一个重要原因。“家长学校·法制课堂”以未成年人及其家长作为教育主

体，由法官结合真实案例，通过法律讲座、法庭开放日、主题班会、少先队退队仪式等，给未成年人及其家长普及法律常识，宣传法治观念。

2.开展法制教育活动，让学生守法护法

学生了解和熟悉法律知识，并不等于就能预防或消除学生中的违法犯罪行为。学校还应开展形式多样的法制教育活动，培养学生内在的法制意识和守法护法的自觉观。

（1）用周围违法犯罪的具体事例教育学生 可通过周边学生比较熟悉的违法犯罪的具体事例教育学生，这样更直观、更具体，学生也易于接受，而且印象深刻。

（2）举办“模拟法庭” 班主任和政治教师应激发学生的主体积极性，指导他们自己组织策划、开展极富趣味性和实践性的“模拟法庭”，由学生分饰审判长、原被告等角色，让学生熟悉有关法律知识和审判程序，直接体会法律的尊严。

（3）让学生参与法制教育社会实践 为使学生形成在学法中守法、在守法中进一步学法的良性循环，学校应抓住机遇，组织学生参加法制教育社会实践活动，如组织学生参加公判逮捕大会、参加法制宣传日活动、上街宣传新

出台的法律法规等。

(4)请失足青年现身说法 学校可每年邀请省市监狱安排几个少年犯到校现身说法，让学生在“一失足成千古恨”的真实案例中认识违法犯罪的危害，从心灵深处受到深刻的教育。

(5)利用班团队开展法制教育主题活动 学校应根据各个时期的特点组织法制教育主题班团队活动，如开展以“讲文明、有道德、守纪律”、“加强法律知识学习，创建法制平安校园”、“学法律，创和谐”以及“争做遵纪守法的好学生签名”等主题活动来推动法制教育的制度化、长期化。

3.各界联动，优化青少年的成长环境

预防中小学生违法犯罪是一项庞大的社会系统工程，需要学校、家庭和社会等多方面的共同努力，家庭的“养育”、学校的“培育”和社会的“教育”三者缺一不可。

(1)学校健全机构，完善规章，认真组织，狠抓落实，确保法制教育规范化、多样化。

学校应全面贯彻教育方针，落实《义务教育法》、《未成年人保护法》等法律法规。学校应建立差生帮教和转化机制，对“大法不犯、小错不断”的问题学生定期举办法制补习班，同时以正确的舆论导向营造遵纪守法气氛，推动学生的学习和生活法律法制化，增强学生知法、懂法和守法的积极性，使学生远离犯罪。

(2)家长要以身作则，知法懂法，提高思想道德情操，并创造良好的家庭环境，使子女从小就受到良好氛围的熏陶。

①加强家庭教育。所有家长都要认真负起监护、管教子女的责任。既要严厉管教，又要耐心、细致，不溺爱，不体罚，同时要关心子女的学习、生活及交友情况。

②要重视与孩子进行思想交流，对有不正常苗头的子女要及时采取防范措施，以免走上歧途。

③要身体力行，以良好的道德形象和奉公守法的言行来示范子女，使子女受到良好的家庭熏陶，从

而预防违法犯罪。

(3)加强执法,净化社会环境,给学生一个健康成长的社会环境。

加强精神文明建设,严厉打击各种违法犯罪活动,避免和减少不良因素对中小学生的直接侵害和影响,彻底根除"黄赌毒",相关部门应依法关闭传播暴力、色情等不良文化的网吧、书摊,坚决查处诱惑、唆使、允许青少年进入营业性娱乐场所的行为,为中小学生健康成长创造一个稳定、安全、祥和的社会环境。

总之,在强化法制教育时,把行为规范与法制教育相结合、课堂教学与课外活动相结合、校内教育与社会实践相结合、家校教育与社会治理相结合,必定能使青少年的法律知识逐步丰富,守法意识不断增强,从而远离违法犯罪。

第三篇　护法守法知识

1.什么是法律

法律通常有广义和狭义的区别。狭义的法律是专指我国立法机关制定的规范性文件，也就是全国人民代表大会制定的刑事、民事、国家机关的和其他的基本法律，以及全国人民代表大会常务委员会制定的法律；广义的法律除了上述基本法律以外，还应包括宪法，国务院制定的行政法规，国务院各委员会和各部委制定的规章，自治区、省、直辖市人民代表大会及其常务委员会颁布的地方性法规以及省级人民政府颁布的规章；等等。

2.什么是法制

法制，简单地讲，就是国家的法律和制度。它是立法、执法、守法和监督法律实施等几方面的统一，中心环节是依法办事，要求一切国家机关及其工作人员和全体公民必须严格遵守法律。

3.纪律、道德和法律的关系

法律、纪律与道德既有严格的区别，又有密切的联系。遵守纪律、尊崇道德是守法的基础和前提。

纪律是人们在集体生活中必须遵守秩序、执行命令和履行自己职责的一种行为规则。破坏纪律要受到应有的处分，严重的也可能受到法律制裁。因此，希望青少年学生一定要增强纪律观念，自觉遵守纪律。

道德是人们关于善恶、美丑、荣辱、公正和偏私、正义和非正义等的观点以及和这些观点相适应的行为规范、原则的总称。道德和法律都属于社会上层建筑的重要组成部分，道德所调整的范围比法律调整的范围要广得多，凡是违法行为都是不道德的行为，而不道德的行为则不一定是违法行为。法律的实施在很大程度上要靠道德来保证，并且道德还可以弥补法律规定不足的地方。当然，道德和法律之间并没有不可逾越的鸿沟，一个道德败坏的人如果受到谴责还不悔改，就有可能越陷越深，直到违法犯罪。

4.政策和法律之间的区别和联系是什么

政策指的是中国共产党根据各族人民的共同意愿，按照我国社会发展的客观规律，为完成一定时期的任务，达到一定的政治目的而制定的，是调整国家、集体、个人生活各方面关系的准则。政策是法律的灵魂，是制定法律和适用法律的

依据;法律则是政策的具体化、条文化和定型化。

政策和法律毕竟是有区别的,政策灵活性大,它常常随着形势发展的需要及时调整。法律比政策稳定得多,它一旦经过立法机关按法定程序制定和公布实施,就不能轻易变更。另外,政策比较有原则,法律的规定比较具体,人们依据法律该做什么,不该做什么,怎么做等,都规定得比较明确、具体,强制性、保障性大。

5.社会主义法制的基本要求是什么

有法可依,有法必依,执法必严,违法必究。

6.我国的根本制度和根本任务是什么

宪法是我们国家的根本法。宪法规定了我国的根本制度是社会主义社会制度和人民民主专政的国家制度。国家的根本任务是集中力量进行社会主义现代化建设,就是逐步实现工业、农业、国防和科学技术的现代化,把我国建设成为高度文明、高度民主的社会主义国家。

7.宪法的指导思想是什么

我国宪法的指导思想是坚持四项基本原

则。坚持四项基本原则就是:坚持社会主义道路,坚持人民民主专政,坚持中国共产党的领导,坚持马克思列宁主义、毛泽东思想。

8.我国公民的基本权利是什么

根据我国宪法的规定,我国公民享有下列基本权利和自由:

(1)选举权和被选举权;

(2)言论、出版、集会、结社、游行、示威的自由;

(3)宗教信仰自由;

(4)人身自由不受侵犯;

(5)人格尊严不受侵犯;

(6)住宅不受侵犯;

(7)通信自由和通信秘密受法律保护;

(8)批评、建议、申诉、控告、检举的权利;

(9)劳动的权利和义务;

(10)休息的权利;

(11)残疾人有劳动、生活、受教育的权利;

(12)获得物质帮助的权利;

(13)退休人员的生活受国家保障的权利；

(14)接受教育的权利和义务；

(15)进行科学研究、文艺创作和其他文化活动的自由；

(16)妇女享有同男子平等的权利；

(17)婚姻、家庭、老人、妇女和儿童受国家保护的权利；

(18)华侨、归侨和侨眷的正当、合法权益受国家保护的权利等。

9.我国公民的基本义务是什么

公民应承担的基本义务有：

(1)遵守宪法和法律；

(2)爱护公共财产；

(3)遵守劳动纪律；

(4)遵守公共秩序；

(5)尊重社会公德；

(6)保守国家秘密；

(7)维护国家的统一和各民族的团结；

(8)维护祖国安全、荣誉和利益；

(9)保卫祖国，抵抗侵略，依法服兵役，参加民兵组织；

(10)依法纳税，等等。

10.什么叫人身权？它包括哪些方面

人身权是指与权利主体人身不可分离，没有直接财产内容的权利。它包括人格权和身份权。

11.什么是违法

一切违反国家的宪法、法律、行政法规、决议、命令、指示、规章、地方性法规等各种法律规范性文件的行为都叫违法。违法行为一般以其性质和对社会危害的程度来区分，凡是违反民事法规、治安管理法规及其他行政管理法规的行为都属于一般违法行为。

12.什么是犯罪

刑法第13条规定："一切危害国家主权、领土完整和安全，分裂国家，颠覆人民民主专政的政权，推翻社会主义制度，破坏社会秩序和经济秩序，侵犯国有财产或者劳动群众集体所有的财产，侵犯公民私人所有的财产，侵犯公民的人身权利、民主权利和其他权利以及其他危害社会的行为，依照法律应当受到刑罚处罚的，都是犯罪。但是情节轻微，危害不大的，不认为是犯罪。"

13.犯罪的基本特征是什么

第一，犯罪是危害社会的行为，即具有社会危害性。

第二，犯罪是触犯刑律的行为，即具有刑事违法性。

第三，犯罪是应当受刑法处罚的行为，即具有应受惩罚性。

14.违法同犯罪有什么区别

一切违反国家的宪法、法律、行政法规、决议、命令、指示、规章、地方性法规等各种法律规范性文件的行为都叫违法。违法行为一般按它的性质和对社会危害的程度来区分，凡是违反民事法规、违反治安管理法规及其他行政管理法规的行为都属于一般违法行为，只有违反刑事法规的行为才构成犯罪。

犯罪都是违法，而违法并不都是犯罪，犯罪和一般违法行为，虽然都是危害社会的行为，但两者的性质是不同的，它们之间的主要区别在于情节的轻重和对社会危害性的大小,这是区分犯罪与一般违法行为的主要标准。

一般违法行为引起的后果是,违法者承担民事责任、行政责任或经济责任。对犯罪行为,多数情况下是由公安机关侦查和预审,检察院提起公诉,最后经过法院审理作出判决。对一般违反治安管理的行为,则由公安机关进行裁决,违反其他行政管理的行为由有关行政部门执行行政处罚。

15.什么是故意伤害罪

故意伤害罪,是指故意非法损害他人健康的行为。

16.什么是赌博罪

赌博罪,是指以营利为目的聚众赌博或者以赌博为业的行为。赌博罪包括两种行为:一种是以营利为目的,聚众赌博;另一种是以赌博为业,从事赌博活动。

17.什么是敲诈勒索罪？它有什么客观方面表现

敲诈勒索罪，是指以非法占有为目的，对被害人使用威胁或要挟的方法，强行索要公私财物的行为。

本罪在客观方面表现为：行为人采用威胁、要挟、恫吓等手段，迫使被害人交出财物的行为。

18.什么是寻衅滋事罪？它有什么客观方面表现

寻衅滋事罪，是指肆意挑衅，随意殴打、骚扰他人，或者任意损毁、占用公私财物，或者在公共场所起哄闹事，严重破坏社会秩序的行为。

它表现在：

(1)随意殴打他人，情节恶劣的；

(2)追逐、拦截、辱骂他人，情节恶劣的；

(3)强拿硬要或者任意损毁、占用公私财物，情节严重的；

(4)在公共场所起哄闹事,造成公共场所秩序严重混乱的。

19.什么是抢劫罪?它有什么客观方面表现

抢劫罪是以非法占有为目的,对财物的所有人或者保管人当场使用暴力、胁迫或其他方法,强行将公私财物抢走的行为。

本罪在客观方面表现为:行为人对公私财物的所有者、保管者或者守护者当场使用暴力、胁迫或者其他对人身实施强制的方法,强行劫取公私财物的行为。这种当场对被害人身体实施强制的犯罪手段,是抢劫罪的本质特征,也是它区别于盗窃罪、诈骗罪、抢夺罪和敲诈勒索罪的最显著特点。

20.什么是盗窃罪?它有什么客观方面表现

盗窃罪,是指以非法占有为目的,窃取他人占有的数额较大的财物,或者多次盗窃的行为,是最古老的侵犯财产犯罪。

本罪在客观方面表现为:行为人具有窃取数额较大的公私财物或者多次窃

取公私财物的行为。

21.盗窃罪在什么情况下能转化成抢劫罪

犯盗窃、诈骗、抢夺罪，为窝藏赃物、抗拒抓捕或者毁灭罪证而当场使用暴力或者以暴力相威胁的，盗窃罪在实施了以上规定的行为后即可以转化成为抢劫罪，以抢劫罪定罪处罚。

22.什么是招摇撞骗罪？它有什么客观方面表现

招摇撞骗罪，是指为谋取非法利益，假冒国家机关工作人员的身份或职称进行诈骗，损害国家机关的威信及其正常活动的行为。

本罪在客观方面表现为：行为人具有冒充国家机关工作人员的身份或职称，并具有诈骗能力进行诈骗的行为。

23.什么是传播淫秽物品（牟利）罪

传播淫秽物品罪，是指不以牟利为目的，在社会上传播淫秽的书刊、影片、录像带、录音带、图片或者其他淫秽物品，情节严重的行为。

如果以牟利为目的，则构成传播淫秽物品牟利罪。

24.传播淫秽物品有哪些传播方式？怎样才构成此罪

包括播放、出借、运输、携带、展览、发表淫秽物品等。利用网络制作、复制、查阅和传播淫秽的信息，情节严重的构成犯罪。

"情节严重"才构成此罪，主要是指多次地、经常地传播淫秽物品；所传播的淫秽物品数量较大；虽然传播淫秽物品数量不大、次数不多，但被传播的对象人数众多，造成的后果严重；在未成年人中传播，造成严重后果的等等。

25.什么叫隐私权

每个人都有不愿让人知道的个人生活的秘密，这个秘密在法律上称为隐私，如个人的私生活、日记、照相簿、储蓄、财产状况、生活习惯、通信秘密、身体缺陷等。自己的秘密是否让别人知道，是每个人的权利。这个权利用法律语言来说，就叫隐私权。

隐私权是公民的人格权，包括以下几方面内容：

（1）隐私隐瞒权，即公民对自己的隐私有权隐瞒，使其不为

人知；

（2）隐私利用权，即公民可以利用自己的隐私满足自己精神上和物质上的需要；

（3）隐私支配权，即公民有权支配自己的隐私，准许或者不准许他人知悉或者利用自己的隐私；

（4）隐私维护权，当自己的隐私被泄露或者被侵害的时候，公民有权寻求司法保护。

26.什么样的行为叫侵害隐私权

一个人不愿意让他人知道自己的隐私，而他人恶意探听，是侵害隐私权的行为。侵害隐私权的行为方式主要有两种：

（1）骚扰、刺探或以其他方式侵害他人的隐私权；

（2）泄露因业务、职务关系掌握的他人的秘密。

例如，私拆他人信件，偷看他人日记，用望远镜刺探他人的活动，窥探他人的秘密，在他人住处安装窃听器等，不论其是否泄露，其行为本身就是侵犯隐私权。

又如，医生、律师、法官、检察官、公安人员、档案管理人员等因业务和职务而了解了他人的隐私，未经本人同意将其泄露出去，就构成侵犯隐私权。

27.怎样保护隐私权

依法保护个人的隐私权，首先要保护自己的隐私权。我们要管好自己的信件、日记等含有个人隐私的物品；不向他人随意讲述自己及家庭成员的隐私；当发现有人披露、宣扬自己的隐私时，应当依法制止。同时，我们在保护自己的隐私权的同时，还要尊重他人的隐私权。在日常生活中，不应随意打听他人的私事，别人不愿告诉自己的秘密不要逼迫他人说；尊重他人的生活习惯，不得将他人的私生活进行宣扬、传播；不能拆看他人的信件、干涉他人的通信来往；不能偷看他人日记，传播日记内容；对有劣迹或身心有缺陷的人，不要存心揭短，抓住不放；更不能非法利用他人隐私来哗众取宠，获得经济利益。每个公民只有做到尊重他人的隐私权，才能真正保护自己的隐私权；只有互不侵犯隐私权，才能保证每个人私生活的自由与安宁，使人们的生活既具有个性特色，又具有和谐情趣。

28.知识产权一般包括哪些

一般包括著作权、专利权、商标权以及反不正当竞争中的商业秘密等。

29.怎样保护知识产权

(1)增强保护知识产权的法律意识。随着人们的物质和文化生活水平的不断提高，知识产权与人们的切身利益联系得越来越紧密。社会的发展要求我们不断提高对保护知识产权的认识，努力增强保护知识产权的法律意识，切实了解和掌握保护知识产权的法律知识。

(2)尊重他人的知识产权。知识产权相关法律的颁布及实施,使智力成果创作者及作品传播有了基本的法律保护。知识产权相关法律规定及其保护的智力成果创作者享有的权利,需要人们的广泛尊重才能更好地得以实现。

(3)积极参与社会对知识产权的保护。知识产权的保护需要全社会的共同努力,需要每一位公民的积极参与。我们中小学生要从自己做起,从自己身边的事做起,如不剽窃、抄袭他人作品;引用他人作品要注明出处,并且要适度,所引用部分不能构成自己作品的主要部分或者实质部分;不购买盗版书籍、盗版光盘;积极参加各种保护知识产权的活动等,努力保护知识产权。

30.影响计算机信息系统的哪些行为将受到法律制裁

影响计算机信息系统的行为,依法要受到制裁。违反国家规定,对计算机信息系统功能进行删除、修改、增加、干扰,造成计算机信息系统不能正常进行的;违反国家规定,对计算机信息系统中存储、处理、传输的数据和应用程序进行删除、修改、增加的;故意制作、传播计算机病毒等破坏性程序,影响计算机信息系统正常运行的,处5日以下拘留;情节较重的,处5日以上10日以下拘留;构成犯罪的,给予刑事处罚。

31.涉及毒品犯罪将会受到法律怎样制裁

毒品严重危害人体

健康，危害家庭、社会，还会诱发其他刑事犯罪。我国刑法历来将毒品犯罪规定为严重的刑事犯罪，坚决制裁，从严打击。《刑法》明确规定，已满14周岁不满16周岁的人，犯贩卖毒品罪的，也应负刑事责任；走私、贩卖、运输、制造毒品，无论数量多少，都应追究刑事责任；毒品犯罪的法定最高刑为死刑，还可以附加适用剥夺政治权利、处以罚金、没收财产等处罚。根据《治安管理处罚法》第七十二条规定，非法持有鸦片不满200克、海洛因或者甲基苯丙胺不满10克或者其他少量毒品的，向他人提供毒品的，吸食、注射毒品的，胁迫、欺骗医务人员开具麻醉药品、精神药品的，处10日以上15日以下拘留，可以并处2000元以下罚款；情节较轻的，处5日以下拘留或者500元以下罚款。《未成年人保护法》、《预防未成年人犯罪法》对于预防未成年人涉毒都作出了相应的规定。

32.什么是违反治安管理的行为

违反治安管理的行为是指扰乱公共秩序，妨害公共安全，侵犯人身权利、财产权利，妨害社会管理，具有社会危害性，尚不够刑事处罚，依照治安管理处罚法的规定，应给予治安管理

处罚的行为。

33.治安管理处罚法规定的法律责任年龄范围是什么

责任年龄是法律规定行为人应负法律后果的年龄。《治安管理处罚法》规定：已满14周岁不满18周岁的人违反治安管理的，从轻处罚；不满14周岁的人违反治安管理的，免予处罚，但是可以予以训诫，并责令其监护人严加管教。

34.治安管理处罚法规定的责任能力范围是什么

责任能力是行为人承担法律责任的条件。《治安管理处罚法》规定：精神病人在不能辨认或者不能控制自己行为的时候违反治安管理的，不予处罚，但是应当责令其监护人严加看管和治疗。间歇性的精神病人在精神正常的时候违反治安管理的，应予处罚。聋哑人或者盲人违反治安管理的，可以从轻、减轻或者不予处罚。醉酒的人违反治安管理的，应予处罚。醉酒的人在醉酒状态中，对本人有危险或者对他人的安全有威胁的，应当将其约束到酒醒。

35.什么是扰乱公共秩序的行为和应受的处罚(摘选)

(1)有下列行为之一的,处警告或者200元以下罚款;情节较重的,处5日以上10日以下拘留,可以并处500元以下罚款:

①扰乱机关、团体、企业、事业单位秩序,致使工作、生产、营业、医疗、教学、科研不能正常进行,尚未造成严重损失的;

②扰乱车站、港口、码头、机场、商场、公园、展览馆或者其他公共场所秩序的;

③扰乱公共汽车、电车、火车、船舶、航空器或者其他公共交通工具上的秩序的;

④非法拦截或者强登、扒乘机动车、船舶、航空器以及其他交通工具,影响交通工具正常行驶的;

⑤破坏依法进行的选举秩序的。

聚众实施前款行为的,对首要分子处10日以上15日以下拘留,可以并处1000元以下罚款。

(2)有下列行为之一,扰乱文化、体育等大型群众性活动秩序的,处警告或者200元以下罚款;情节严重的,处5日以上10日以下拘留,可以并处500元以下罚款:

①强行进入场内的;

②违反规定,在场内燃放烟花爆竹或者其他物品的;

③展示侮辱性标语、

条幅等物品的;

④围攻裁判员、运动员或者其他工作人员的;

⑤向场内投掷杂物,不听制止的;

⑥扰乱大型群众性活动秩序的其他行为。

因扰乱体育比赛秩序被处以拘留处罚的,可以同时责令其12个月内不得进入体育场馆观看同类比赛;违反规定进入体育场馆的,强行带离现场。

(3)有下列行为之一的,处5日以上10日以下拘留,可以并处500元以下罚款;情节较轻的,处5日以下拘留或者500元以下罚款:

①散布谣言,谎报险情、疫情、警情或者以其他方法故意扰乱公共秩序的;

②投放虚假的爆炸性、毒害性、放射性、腐蚀性物质或者传染病病原体等危险物质扰乱公共秩序的;

③扬言实施放火、爆炸、投放危险物质扰乱公共秩序的。

(4)有下列行为之一的,处5日以上10日以下拘留,可以并处500元以下罚款;情节较重的,处10日以上15日以下拘留,可以并处1000元以下罚款:

①结伙斗殴的;

②追逐、拦截他人的；

③强拿硬要或者任意损毁、占用公私财物的；

④其他寻衅滋事的行为。

(5)有下列行为之一的，处10日以上15日以下拘留，可以并处1000元以下罚款；情节较轻的，处5日以上10日以下拘留，可以并处500元以下罚款：

①组织、教唆、胁迫、诱骗、煽动他人从事邪教、会道门活动或者利用邪教、会道门、迷信活动，扰乱社会秩序、损害他人身体健康的；

②冒用宗教、气功名义进行扰乱社会秩序、损害他人身体健康活动的。

(6)违反国家规定，故意干扰无线电业务正常进行的，或者对正常运行的无线电台(站)产生有害干扰，经有关主管部门指出后，拒不采取有效措施消除的，处5日以上10日以下拘留；情节严重的，处10日以上15日以下拘留。

(7)有下列行为之一的，处5日以下拘留；情节较重的，处5日以上10日以下拘留：

①违反国家规定，侵入计算机信息系统，造成危害的；

②违反国家规定，对计算机信息系统功能进行删除、修改、增加、干扰，造成计算机信息系统不能正常运行的；

③违反国家规定，对计算机信息系统中存储、处理、传输的数据和应用程序进行删除、修改、增加的；

④故意制作、传播计算机病毒等破坏性程序，影响计算机信息系统正常运行的。

36.什么是妨害公共安全的行为和应受的处罚(摘选)

(1)违反国家规定，制造、买卖、储存、运输、邮寄、携带、使用、提供、处置爆炸性、毒害性、放射性、腐蚀性物质或者传染病病原体等危险物质的，处10日以上15日以下拘留；情节较轻的，处5日以上10日以下拘留。

(2)非法携带枪支、弹药或者弩、匕首等国家规定的管制器具的，处5日以下拘留，可以并处500元以下罚款；情节较轻的，处警告或者200元以下罚款。

非法携带枪支、弹药或者弩、匕首等国家规定的管制器具进入公共场所或者公共交通工具的，处5日以上10日以下拘留，可以并处500元以下罚款。

(3)有下列行为之一的，处10日以上15日以下拘留：

①盗窃、损毁油气管道设施、电力电信设施、广播电视设施、水利防汛工程设施，或者水文监测、测量、气象测报、环境监测、地质监测、地震监测等公共设施的；

②移动、损毁国家边境的界碑、界桩以及其他边境标志、边境设施或者

领土、领海标志设施的；

③非法进行影响国(边)界线走向的活动或者修建有碍国(边)境管理的设施的。

(4)有下列行为之一的，处5日以上10日以下拘留，可以并处500元以下罚款；情节较轻的，处5日以下拘留或者500元以下罚款：

①盗窃、损毁或者擅自移动铁路设施、设备、机车车辆配件或者安全标志的；

②在铁路线路上放置障碍物，或者故意向列车投掷物品的；

③在铁路线路、桥梁、涵洞处挖掘坑穴、采石取沙的；

④在铁路线路上私设道口或者平交过道的。

(5)擅自进入铁路防护网或者火车来临时在铁路线路上行走坐卧、抢越铁路，影响行车安全的，处警告或者200元以下罚款。

(6)有下列行为之一的，处5日以下拘留或者500元以下罚款；情节严重的，处5日以上10日以下拘留，可以并处500元以下罚款：

①未经批准，安装、使用电网的，或者安装、使用电网不符合安全规定的；

②在车辆、行人通行的地方施工，对沟井坎穴不设覆盖物、防围和警示标志的，或者故意损毁、移动覆盖物、防围和警示标志的；

③盗窃、损毁路面井盖、照明等公共设施的。

37.什么是侵犯公民人身权利、财产权利的行为和应受的处罚(摘选)

(1)有下列行为之一的,处10日以上15日以下拘留,并处500元以上1000元以下罚款;情节较轻的,处5日以上10日以下拘留,并处200元以上500元以下罚款:

①组织、胁迫、诱骗不满16周岁的人或者残疾人进行恐怖、残忍表演的;

②以暴力、威胁或者其他手段强迫他人劳动的;

③非法限制他人人身自由、非法侵入他人住宅或者非法搜查他人身体的。

(2)胁迫、诱骗或者利用他人乞讨的,处10日以上15日以下拘留,可以并处1000元以下罚款;反复纠缠、强行讨要或者以其他滋扰他人的方式乞讨的,处5日以下拘留或者警告。

(3)有下列行为之一的,处5日以下拘留或者500元以下罚款;情节较重的,处5日以上10日以下拘留,可以并处500元以下罚款:

①写恐吓信或者以其他方法威胁他人人身安全的;

②公然侮辱他人或者捏造事实诽谤他人的;

③捏造事实诬告陷害他人,企图使他人受到刑事追究或者受到治

安管理处罚的；

④对证人及其近亲属进行威胁、侮辱、殴打或者打击报复的；

⑤多次发送淫秽、侮辱、恐吓或者其他信息，干扰他人正常生活的；

⑥偷窥、偷拍、窃听、散布他人隐私的。

（4）殴打他人的，或者故意伤害他人身体的，处5日以上10日以下拘留，并处200元以上500元以下罚款；情节较轻的，处5日以下拘留或者500元以下罚款。

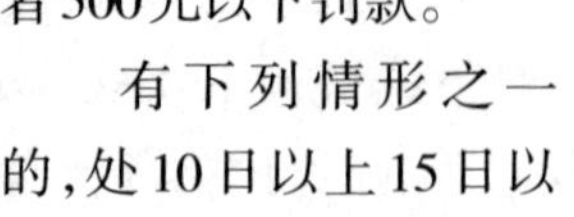

有下列情形之一的，处10日以上15日以下拘留，并处500元以上1000元以下罚款：

①结伙殴打、伤害他人的；

②殴打、伤害残疾人、孕妇、不满14周岁的人或者60周岁以上的人的；

③多次殴打、伤害他人或者一次殴打、伤害多人的。

（5）猥亵他人的，或者在公共场所故意裸露身体，情节恶劣的，处5日以上10日以下拘留；猥亵智力残疾人、精神病人、不满14周岁的人或者有其他严重情节的，处10日以上15日以下拘留。

（6）有下列行为之一的，处5日以下拘留或者警告：

①虐待家庭成员，被虐待人要求处理的；

②遗弃没有独立生活能力的被扶养人的。

（7）强买强卖商品，强迫他人提供服务或者强迫他人接受服务的，处5日以上10日以下拘留，并处200元以上500元以下罚款；情节较轻的，处5日以下拘留或者500元以下罚款。

(8)煽动民族仇恨、民族歧视，或者在出版物、计算机信息网络中刊载民族歧视、侮辱内容的，处10日以上15日以下拘留，可以并处1000元以下罚款。

(9)冒领、隐匿、毁弃、私自开拆或者非法检查他人邮件的，处5日以下拘留或者500元以下罚款。

(10)盗窃、诈骗、哄抢、抢夺、敲诈勒索或者故意损毁公私财物的，处5日以上10日以下拘留，可以并处500元以下罚款；情节较重的，处10日以上15日以下拘留，可以并处1000元以下罚款。

38.什么是妨害社会管理的行为和应受的处罚(摘选)

(1)有下列行为之一的，处警告或者200元以下罚款；情节严重的，处5日以上10日以下拘留，可以并处500元以下罚款：

①拒不执行人民政府在紧急状态情况下依法发布的决定、命令的；

②阻碍国家机关工作人员依法执行职务的；

③阻碍执行紧急任务的消防车、救护车、工程抢险车、警车等车辆通行的；

④强行冲闯公安机关设置的警戒带、警戒区的。

阻碍人民警察依法执行职务的，从重处罚。

(2)冒充国家机关工作人员或者以其他虚假身份招摇撞骗的，处5日以上10日以下拘留，可以并处500元以下罚款；情节较轻的，处5日以下拘留或者500元以下罚款。

冒充军警人员招摇撞骗的，从重处罚。

(3)有下列行为之一的，处10日以上15日以下拘留，可以并处1000元以下罚款；情节较轻的，处5日以上10日以下拘留，可以并处500元以下罚款：

①伪造、变造或者买卖国家机关、人民团体、企业、事业单位或者其他组织的公文、证件、证明文件、印章的；

②买卖或者使用伪造、变造的国家机关、人民团体、企业、事业单位或者其他组织的公文、证件、证明文件的；

③伪造、变造、倒卖车票、船票、航空客票、文艺演出票、体育比赛入场券或者其他有价票证、凭证的；

④伪造、变造船舶户牌，买卖或者使用伪造、变造的船舶户牌，或者涂改船舶发动机号码的。

(4)有下列行为之一的，处警告或者200元以下罚款；情节较重的，处5日以上10日以下拘留，并处200元以上500元以下罚款：

①刻划、涂污或者以其他方式故意损坏国家保护的文物、名胜古迹的；

②违反国家规定，在文物保护单位附近进行爆破、挖掘等活动，危及文物安全的。

(5)有下列行为之一的，处500元以上1000元以下罚款；情节严重的，处10日以上15日以下拘留，并处500元以上1000元以下罚款：

①偷开他人机动车的；

②未取得驾驶证驾驶或者偷开他人航空器、机动船舶的。

(6)制作、运输、复制、出售、出租淫秽的书刊、图片、影片、音像制品等淫秽物品或者利用计算机信息网络、电话以及其他通讯工具传播淫秽信息的，处10日以上15日以下拘留，可以并处3000元以下罚款；情节较轻的，处5日以下拘留或者500元以下罚款。

(7)有下列行为之一的,处10日以上15日以下拘留,并处500元以上1000元以下罚款:

①组织播放淫秽音像的;

②组织或者进行淫秽表演的;

③参与聚众淫乱活动的。

明知他人从事前款活动,为其提供条件的,依照前款的规定处罚。

(8)以营利为目的,为赌博提供条件的,或者参与赌博赌资较大的,处5日以下拘留或者500元以下罚款;情节严重的,处10日以上15日以下拘留,并处500元以上3000元以下罚款。

(9)有下列行为之一的,处10日以上15日以下拘留,可以并处3000元以下罚款;情节较轻的,处5日以下拘留或者500元以下罚款:

①非法种植罂粟不满500株或者其他少量毒品原植物的;

②非法买卖、运输、携带、持有少量未经灭活的罂粟等毒品原植物种子或者幼苗的;

③非法运输、买卖、储存、使用少量罂粟壳的。

有前款第一项行为,在成熟前自行铲除的,不予处罚。

(10)有下列行为之一的,处10日以上15日以下拘留,可以并处2000元以下罚款;情节较轻的,处5日以下拘留或者500元以下罚款:

①非法持有鸦片不满200克、海洛因或者甲基苯丙胺不满10克或者其他少量毒品的;

②向他人提供毒品的;

③吸食、注射毒品的;

④胁迫、欺骗医务人员开具麻醉药品、精神药品的。

(11)教唆、引诱、欺骗他人吸食、注射毒品的,处10日以上15日以下拘留,并处500元以上2000元以下罚款。

39.什么是违反消防管理的行为和应受的处罚(摘选)

(1)个人违反规定,有下列行为之一的,责令改正并处警告或者500元以下罚款:

①损坏、挪用或者擅自拆除、停用消防设施、器材的;

②占用、堵塞、封闭疏散通道、安全出口或者有其他妨碍安全疏散行为的;

③埋压、圈占、遮挡消火栓或者占用防火间距的;

④占用、堵塞、封闭消防车通道,妨碍消防车通行的;

(2)有下列行为之一的,依照《中华人民共和国治安管理处罚法》的规定处罚:

①违反有关消防技术标准和管理规定生产、储存、运输、销售、使用、销毁易燃易爆危险品的;

②非法携带易燃易爆危险品进入公共场所或者乘坐公共交

通工具的；

③谎报火警的；

④阻碍消防车、消防艇执行任务的；

⑤阻碍公安机关消防机构的工作人员依法执行职务的。

(3)有下列行为之一的，处警告或者500元以下罚款；情节严重的，处5日以下拘留：

①违反消防安全规定进入生产、储存易燃易爆危险品场所的；

②违反规定使用明火作业或者在具有火灾、爆炸危险的场所吸烟、使用明火的。

(4)有下列行为之一，尚不构成犯罪的，处10日以上15日以下拘留，可以并处500元以下罚款；情节较轻的，处警告或者500元以下罚款：

①指使或者强令他人违反消防安全规定、冒险作业的；

②因过失引起火灾的；

③在火灾发生后阻拦报警，或者负有报告职责的人员不及时报警的；

④扰乱火灾现场秩序，或者拒不服从火灾现场指挥员指挥，影响灭火救援的；

⑤故意破坏或者伪造火灾现场的；

⑥擅自拆封或者使用被公安机关消防机构查封的场所、部位的。

40.道路交通安全违法行为的法律责任有哪些(摘选)

(1)对道路交通安全违法行为的处罚种类包括：警告、罚款、暂扣或者吊销机动车驾驶证、拘留。

(2)行人、乘车人、非机动车驾驶人违反道路交通安全法律、法规关于道路通行规定的，处警告或者5元以上50元以下罚款；非机动车驾驶人拒绝接受罚款处罚的，可以扣留其非机动车。

(3)饮酒后驾驶机动车的，处暂扣1个月以上3个月以下机动车驾驶证，并处200元以上500元以下罚款；醉酒后驾驶机动车的，由公安机关交通管理部门约束至酒醒，处15日以下拘留，暂扣3个月以上6个月以下机动车驾驶证，并处500元以上2000元以下罚款。

饮酒后驾驶营运机动车的，处暂扣3个月机动车驾驶证，并处500元罚款；醉酒后驾驶营运机动车的，由公安机关交通管理部门约束至酒醒，处15日以下拘留和暂扣6个月机动车驾驶证，并处2000元罚款。

1年内有前两款规定醉酒后驾驶机动车的行为，被处罚2次以上的，吊销机动车驾驶证，5年内不得驾驶营运机动车。

(4)伪造、变造或者使用伪造、变造的机动车登记证书、号牌、行驶证、检验合格标志、保险标志、驾驶证或者使用其他车辆的机动车登记证书、号牌、行驶证、检验合格标志、保险标志的，由公安机关交通管理部门予以收缴，扣留该机动车，并处200元以上2000元以下罚款；构成犯罪的，依法追究刑事责任。

(5)违反道路交通安全法律、法规的规定，发生重大交通事故，构成犯罪的，依法追究刑事责任，并由公安机关交通管理部门吊销机动车驾驶证。

造成交通事故后逃逸的，由公安机关交通管理部门吊销机动车驾驶证，且终生不得重新取得机动车驾驶证。

(6)未经批准，擅自挖掘道路、占用道路施工或者从事其他影响道路交通安全活动的，由道路主管部门责令停止违法行为，并恢复原状，可以依法给予罚款；致使通行的人员、车辆及其他财产遭受损失的，依法承担赔偿责任。

有前款行为，影响道路交通安全活动的，公安机关交通管理部门可以责令停止违法行为，迅速恢复交通。

(7)在道路两侧及隔离带上种植树木、其他植物或者设置广告牌、管线等，遮挡路灯、交通信号灯、交通标志，妨碍安全视距的，由公安机关交通管理部门责令行为人排除妨碍；拒不执行的，处200元以上2000元以下罚款，并强制排除妨碍，所需费用由行为人负担。

41. 驾驶和乘坐二轮摩托车为什么须戴安全头盔

长期的实践和研究结果

中小学生法制教育知识手册

表明：骑摩托车的人发生交通事故往往是头部受伤致死，戴安全头盔有保护头部的作用。规定驾驶和乘坐二轮摩托车须戴安全头盔完全是为了保护骑车人自身的生命安全。

42.驾驶非机动车辆必须遵守哪些规定

驾驶非机动车辆，必须遵守下列规定：

(1)醉酒的人不准驾驶；

(2)丧失正常驾驶能力的残疾人不准驾驶(残疾人专用车除外)；

(3)未满16周岁的人不准在道路上赶畜力车；

(4)未满12周岁的儿童不准在道路上骑自行车、三轮车和推、拉人力车。

43.指挥灯的各种信号用途是什么

(1)绿灯信号。绿灯亮时，准许车辆、行人通过，但转弯的车辆不准妨碍直行的车辆和被放行的行人通行。

(2)黄灯信号。黄灯亮时，不准车辆、行人通过，但已越过停车线的车辆和已进入人行横道的行人，可以继续通行。黄灯信号用作绿灯信号已经熄灭，红灯信号即将发亮的过渡信号。

(3)红灯信号。红灯亮时，不准车辆、行人通行。右转弯的车辆，在不妨碍被放行车辆和行人通行的情况下可以通行。

(4)绿色箭头灯信号。绿色箭头灯亮时，准许车辆按箭头所显示方向通行。

(5)黄色警告灯信号。黄灯闪烁时，车辆、行人须在确保安全的原则下通行。

44.驾驶自行车、三轮车的人须遵守什么规定

(1)转弯前须减速慢行，向后望，伸手示意，不准突然猛拐。

(2)超越前车时，不妨碍被超车的行驶。

(3)通过陡坡，横穿4条以上机动车道或途中车闸失效时须下车推行。下车前须伸手上下摆动示意，不准妨碍后面车辆行驶。

(4)不准双手离把，攀扶其他车辆或手中持物。

(5)不准牵引车辆或被其他车辆牵引。

(6)不准扶身并行、互相追逐或曲折竞驶。

(7)大中城市市区不准骑自行车带人，但对于带学龄前儿童，各地可自行规定。

(8)驾驶三轮车不准并行。

45.行人须遵守什么交通安全规定

(1)必须在人行道内行走，没有人行道的

靠路右边行走。

(2)横过车行道须走人行横道。通过有交通信号控制的人行横道，须遵守信号的规定；通过没有交通信号控制的人行横道，须直行通过，不准在车辆临近时突然横穿。有人行过街天桥或地道的，须走人行过街天桥或地道。

(3)不准穿越、倚坐人行道、车行道和铁路道口的护栏。

(4)不准在道路上扒车、追车，强行拦车或抛物击车。

(5)学龄前儿童在街道或公路上行走须有成年人带领。

46.居民身份证登记了哪些信息

居民身份证登记的项目包括：姓名、性别、民族、出生日期、常住户口所在地、公民身份号码、本人相片、指纹信息、证件的有效期和签发机关。

47.居民身份证期限如何规定

《中华人民共和国居民身份证法》第五条规定：“十六周岁以上公民的居民身份证的有效期为十年、二十年、长期。十六周岁

至二十五周岁的，发给有效期为十年的居民身份证；二十六周岁至四十五周岁的，发给有效期为二十年的居民身份证；四十六周岁以上的，发给长期有效的居民身份证。未满十六周岁的公民，自愿申请领取居民身份证的，发给有效期五年的居民身份证。”

48.居民身份证有何作用

公民在办理下列事务，需要证明身份时可出示居民身份证：

(1)选民登记；

(2)户口登记；

(3)兵役登记；

(4)婚姻登记；

(5)入学、就业；

(6)办理公证事务；

(7)前往边境管理区；

(8)办理申请出境手续；

(9)参与诉讼活动；

(10)办理机动车、船驾驶证和行驶证、机动车执照；

(11)办理个体营业执照；

(12)办理个人信贷事务；

(13)参加社会保险，领取社会救济；

(14)办理搭乘民航飞机手续；

(15)投宿旅店办理登记手续；

(16)提取汇款、邮件；

(17)寄卖物品；

(18)办理其他事务。

49.出租、出借或转让身份证须承担什么法律责任

由公安机关给予警告，并处200元以下罚款，有违法所得的，没收违法所得。

50.什么情况下实行社区矫正

对于被判处拘役、三年以下有期徒刑的犯罪分子，根据犯罪情节和悔罪表现，人民法院认为其没有再犯罪危险的，可以宣告缓刑。对宣告缓刑的犯罪分子，在缓刑考验期限内，实行社区矫正。

51.我国公民为什么必须履行受教育的义务

(1)在我们这个不发达的大国办教育不容易，父母辛勤劳动供子女读书也不容易，为了国家的富强、社会的进步，我们一定要珍惜受教育的机会，履行受教育的义务，为中华民族的腾飞而努力学习。

(2)在当

代，科学技术日新月异，信息爆炸，知识激增，要生存、满足时代的需要，必须接受教育。

(3)受教育不仅是公民应该享受的一种权利，也是公民必须履行的一种义务，不完成义务教育是违法的，学生和家长都必须为此承担一定的法律责任。

52.义务教育的特征是什么？它的普遍性指什么

(1)特征是指免费性、强制性、普遍性。

(2)普遍性是指所有适龄儿童和少年必须接受规定年限的义务教育。

53.接受义务教育的学生应承担的最基本义务是什么

(1)按时入学，接受规定年限的义务教育。

(2)遵纪守法，尊敬师长，养成良好的思想品德和行为习惯。

(3)树立为振兴中华而学习的志向，勤奋学习，努力完成规定的学习任务。

54.国家、企业和公民个人应如何保护知识产权

(1)国家：要严格执法，打击侵权行为；社会加强监督宣传。

(2)企业：要自主创新，保护自己的知识产权，也要尊重别人的智力成果。

(3)公民：要有尊重别人劳动成果的意识，要有自我保护智力成果的意识，要有维护自己智力成果的意识与勇气。

55.《物权法》的制度和颁布体现了我国法律对公民何种权利的保护

我国法律对公民合法财产所有权的保护。

56.如何防止侵犯消费者权益的事情发生

(1)政府:①坚持依法治国,加大执法力度。②加大法制宣传教育,增强人们的法制观念,自觉遵守消费者权益保护法。

(2)社会:①坚持以德治国,加强社会主义精神文明建设,提高公民的思想道德素质和法制意识。②加强职业道德,建立诚信社会,和谐社会。

(3)消费者:①要学法、懂法、用法。增强法制观念,运用法律武器维护自己的合法权益。②要提高维权意识。③要增强自我保护意识。

57.公民通过哪些途径行使公民的批评权、建议权和监督权

(1)向人大代表反映;

（2）可以采用书信、电子邮件、电话、走访等形式向有关部门举报或反映；

（3）可以通过电视、广播、报纸等新闻媒体进行监督。

58.网络对人类有哪些影响

网络有利有弊，是一把双刃剑。我们不能因噎废食，要发挥网络的积极作用，避免网毒的侵害。

（1）好处：网络给青少年的学习带来丰富性和多样性，青少年要积极上网可以查阅资料，吸取新知识，拓宽知识面，提高自主学习能力。

（2）消极影响：会分散精力，浪费时间，耽误学习，影响青少年的身心健康，影响家庭幸福、社会安定，会诱发偷、抢等违法行为。

59.我们应该如何同违法犯罪现象作斗争

（1）同违法犯

罪现象作斗争，包括我们青少年在内的全体公民义不容辞的责任，当自己的合法权益受到侵害时，要善于应用法律武器加以维护。

(2)同违法犯罪分子作斗争时，既要勇敢又要机智，要讲究智斗，不要硬拼；面对行凶歹徒，要设法稳住歹徒，记住歹徒的相貌，了解歹徒的去向，及时拨打“110”报警电话等。

60.青少年要健康成长该怎么做

(1)树立远大的理想，自觉履行受教育的义务。

(2)培养自己良好的道德品质，养成遵纪守法的行为习惯。

(3)自觉抵制不良诱惑，文明上网。

(4)学习安全知识，增强自我保护意识。

第四篇 《中华人民共和国预防未成年人犯罪法》摘录

第二章 预防未成年人犯罪的教育

第六条 对未成年人应当加强理想、道德、法制和爱国主义、集体主义、社会主义教育。对于达到义务教育年龄的未成年人,在进行上述教育的同时,应当进行预防犯罪的教育。

预防未成年人犯罪的教育目的,是增强未成年人的法制观念,使未成年人懂得违法和犯罪行为对个人、家庭、社会造成的危害,违法和犯罪行为应当承担的法律责任,树立遵纪守法和防范违法犯罪的意识。

第七条 教育行政部门、学校应当将预防犯罪的教育作为法制教育的内容纳入学校教育教学计划,结合常见多发的未成年人犯罪,对不同年龄的未成年人进行有针对性的预防犯罪教育。

第八条 司法行政部门、教育行政部门、共产主义青年团、少年先锋队应当结合实际,组织、举办展览会、报告会、演讲会等多种形式的预防未成年人犯罪的法制宣传活动。

学校应当结合实际举办以预防未成年

人犯罪的教育为主要内容的活动。教育行政部门应当将预防未成年人犯罪教育的工作效果作为考核学校工作的一项重要内容。

第九条　学校应当聘任从事法制教育的专职或者兼职教师。学校根据条件可以聘请校外法律辅导员。

第十条　未成年人的父母或者其他监护人对未成年人的法制教育负有直接责任。学校在对学生进行预防犯罪教育时，应当将教育计划告知未成年人的父母或者其他监护人，未成年人的父母或者其他监护人应当结合学校的计划，针对具体情况进行教育。

第十二条　对于已满16周岁不满18周岁准备就业的未成年人，职业教育培训机构、用人单位应当将法律知识和预防犯罪教育纳入职业培训的内容。

第三章　对未成年人不良行为的预防

第十四条　未成年人的父母或者其他监护人和学校应当教育未成年人不得有下列不良行为：

（一）旷课、夜不归宿；

（二）携带管制刀具；

（三）打架斗殴、辱骂他人；

（四）强行向他人索要财物；

（五）偷窃、故意毁坏财物；

（六）参与赌博或者变相赌博；

(七)观看、收听色情、淫秽的音像制品、读物等;

(八)进入法律、法规规定未成年人不适宜进入的营业性歌舞厅等场所;

(九)其他严重违背社会公德的不良行为。

第十五条　未成年人的父母或者其他监护人和学校应当教育未成年人不得吸烟、酗酒。任何经营场所不得向未成年人出售烟酒。

第十六条　中小学生旷课的,学校应当及时与其父母或者其他监护人取得联系。

未成年人擅自外出夜不归宿的,其父母或者其他监护人、其所在的寄宿制学校应当及时查找,或者向公安机关请求帮助。收留夜不归宿的未成年人的,应当征得其父母或者其他监护人的同意,或者在二十四小时内及时通知其父母或者其他监护人、所在学校或者及时向公安机关报告。

第十七条　未成年人的父母或者其他监护人和学校发现未成年人组织或者参加实施不良行为的团伙的,应当及时予以制止。发现该团伙有违法犯罪行为的,应当向公安机关报告。

第十八条　未成年人的父母或者其他监护人和学校发现有人教唆、胁迫、引诱未成年人违法犯罪的,应当向公安机关报告。公安机关接到报告后,应当及时依法查处,对未成年人人身安全受到威胁的,应当及时采取有效措施,保护其人身安全。

第十九条　未成年人的父母或者其他监护人,不得让不满16周岁的未成年人脱离监护单独居住。

第二十条　未成年人的父母或者其他监护人对未成年人不

得放任不管，不得迫使其离家出走，放弃监护职责。

未成年人离家出走的，其父母或者其他监护人应当及时查找，或者向公安机关请求帮助。

第二十三条　学校对有不良行为的未成年人应当加强教育、管理，不得歧视。

第二十四条　教育行政部门、学校应当举办各种形式的讲座、座谈、培训等活动，针对未成年人不同时期的生理、心理特点，介绍良好有效的教育方法，指导教师、未成年人的父母和其他监护人有效地防止、矫治未成年人的不良行为。

第二十五条　对于教唆、胁迫、引诱未成年人实施不良行为或者品行不良，影响恶劣，不适宜在学校工作的教职员工，教育行政部门、学校应当予以解聘或者辞退；构成犯罪的，依法追究刑事责任。

第二十七条　公安机关应当加强中小学校周围环境的治安管理，及时制止、处理中小学校周围发生的违法犯罪行为。城市居民委员会、农村村民委员会应当协助公安机关做好维护中小学校周围治安的工作。

第二十九条　任何人不得教唆、胁迫、引诱未成年人实施本法规定的不良行为，或者为未成年人实施不良行为提供条件。

第三十一条　任何单位和个人不得向未成年人出售、出租含有诱发未成年人违法犯罪以及渲染暴力、色情、赌博、恐怖活动等危害未成年人身心健康内容的读物、音

像制品或者电子出版物。

任何单位和个人不得利用通讯、计算机网络等方式提供前款规定的危害未成年人身心健康的内容及其信息。

第三十二条　广播、电影、电视、戏剧节目,不得有渲染暴力、色情、赌博、恐怖活动等危害未成年人身心健康的内容。

广播电影电视行政部门、文化行政部门必须加强对广播、电影、电视、戏剧节目以及各类演播场所的管理。

第三十三条　营业性歌舞厅以及其他未成年人不适宜进入的场所,应当设置明显的未成年人禁止进入标志,不得允许未成年人进入。

营业性电子游戏场所在国家法定节假日外,不得允许未成年人进入,并应当设置明显的未成年人禁止进入标志。

对于难以判明是否已成年的,上述场所的工作人员可以要求其出示身份证件。

第四章　对未成年人严重不良行为的矫治

第三十四条　本法所称“严重不良行为”,是指下列严重危害社会、尚不够刑事处罚的违法行为:

(一)纠集他人结伙滋事,扰乱治安;

(二)携带管制刀具,屡教不改;

(三)多次拦截殴打他人或者强行索要他人财物;

(四)传播淫秽的读物或者音像制品等;

（五）进行淫乱或者色情、卖淫活动；

（六）多次偷窃；

（七）参与赌博，屡教不改；

（八）吸食、注射毒品；

（九）其他严重危害社会的行为。

第三十七条　未成年人有本法规定严重不良行为，构成违反治安管理行为的，由公安机关依法予以治安处罚。因不满14周岁或者情节特别轻微免予处罚的，可以予以训诫。

第三十八条　未成年人因不满16周岁不予刑事处罚的，责令他的父母或者其他监护人严加管教；在必要的时候，也可以由政府依法收容教养。

第五章　未成年人对犯罪的自我防范

第四十条　未成年人应当遵守法律、法规及社会公共道德规范，树立自尊、自律、自强意识，增强辨别是非和自我保护的能力，自觉抵制各种不良行为及违法犯罪行为的

引诱和侵害。

第四十二条　未成年人发现任何人对自己或者对其他未成年人实施本法第三章规定不得实施的行为或者犯罪行为，可以通过所在学校、其父母或者其他监护人向公安机关或者政府有关主管部门报告，也可以自己向上述机关报告。受理报告的机关应当及时依法查处。

第六章　对未成年人重新犯罪的预防

第四十四条　对犯罪的未成年人追究刑事责任，实行教育、感化、挽救的方针，坚持教育为主、惩罚为辅的原则。

司法机关办理未成年人犯罪案件，应当保障未成年人行使其诉讼权利，保障未成年人得到法律帮助，并根据未成年人的生理、心理特点和犯罪的情况，有针对性地进行法制教育。

对于被采取刑事强制措施的未成年学生，在人民法院的判决生效以前，不得取消其学籍。

第四十六条　对被拘留、逮捕和执行刑罚的未成年人与成年人应当分别关押，分别管理，分别教育。未成年犯在被执行刑罚期间，执行机关应当加强对未成年犯的法制教育，对未成年犯进行职业技术教育。对没有完成义务教育的未成年犯，执行机关应当保证其继续接受义务教育。

第七章　法律责任

第四十九条　未成年人的父母或者其他监护人不履行监护职责，放任未成年人有本法规定的不良行为或者严重不良行为的，由公安机关对未成年人的父母或者其他监护人予以训诫，责令其严加管教。

第五十三条　违反本法第三十一条的规定，向未成年人出售、出租含有诱发未成年人违法犯罪以及渲染暴力、色情、赌博、恐怖活动等危害未成年人身心健康内容的读物、音像制品、电子出版物的，或者利用通讯、计算机网络等方式提供上述危害未成年人身心健康内容及其信息的，没收读物、音像制品、电子出版物和违法所得，由政府有关主管部门处以罚款。

单位有前款行为的，没收读物、音像制品、电子出版物和违法所得，处以罚款，并对直接负责的主管人员和其他直接责任人员处以罚款。

第五十五条　营业性歌舞厅以及其他未成年人不适宜进入的场所、营业性电子游戏场所，违反本法第三十三条的规定，不设置明显的未成年人禁止进入标志，或者允许未成年人进入的，由文化行政部门责令改正，给予警告，责令停业整顿，没收违法所得，处以罚款，并对直接负责的主管人员和其他直接责任人员处以罚款；情节严重的，由工商行政部门吊销营业执照。

第八章　附　则

第五十七条　本法自1999年11月1日起施行。

第五篇 《中华人民共和国未成年人保护法》摘录

第一章 总 则

第一条 为了保护未成年人的身心健康，保障未成年人的合法权益，促进未成年人在品德、智力、体质等方面全面发展，培养有理想、有道德、有文化、有纪律的社会主义建设者和接班人，根据宪法，制定本法。

第三条 未成年人享有生存权、发展权、受保护权、参与权等权利，国家根据未成年人身心发展特点给予特殊、优先保护，保障未成年人的合法权益不受侵犯。

未成年人享有受教育权，国家、社会、学校和家庭尊重和保障未成年人的受教育权。

未成年人不分性别、民族、种族、家庭财产状况、宗教信仰等，依法平等地享有权利。

第二章 家庭保护

第十条 父母或者其他监护人应当创造良好、和睦的家庭环境，依法履行对未成年人的监护职责和抚养义务。

禁止对未成年人实施家庭暴力，禁止虐待、遗弃未成年人，禁止溺婴和其他残害婴儿的行为，不得歧视女性未成年人或者有残疾的未成年人。

第十一条　父母或者其他监护人应当关注未成年人的生理、心理状况和行为习惯，以健康的思想、良好的品行和适当的方法教育和影响未成年人，引导未成年人进行有益身心健康的活动，预防和制止未成年人吸烟、酗酒、流浪、沉迷网络以及赌博、吸毒、卖淫等行为。

第十六条　父母因外出务工或者其他原因不能履行对未成年人监护职责的，应当委托有监护能力的其他成年人代为监护。

第三章　学校保护

第十七条　学校应当全面贯彻国家的教育方针，实施素质教育，提高教育质量，注重培养未成年学生的独立思考能力、创新能力和实践能力，促进未成年学生全面发展。

第二十条　学校应当与未成年学生的父母或者其他监护人互相配合，保证未成年学生的睡眠、娱乐和体育锻炼时间，不得加重其学习负担。

第二十一条　学校、幼儿园、托儿所的教职员工应当尊重未成年人的人格尊严，不得对未成年人实施体罚、变相体罚或者其他侮辱人格尊严的行为。

第二十三条　教育行政等部门和学校、幼儿园、托儿所应当根据需要，制定应对各种灾害、传染性疾病、食物中毒、意外伤害等突发事件的预案，配备相应设施并进行必要的演练，增强未成年人的自我保护意识和能力。

第四章　社会保护

第二十七条　全社会应当树立尊重、保护、教育未成年人的良好风尚，关心、爱护未成年人。

国家鼓励社会团体、企业事业组织以及其他组织和个人，开展多种形式的有利于未成年人健康成长的社会活动。

第二十八条　各级人民政府应当保障未成年人受教育的权利，并采取措施保障家庭经济困难的、残疾的和流动人口中的未成年人等接受义务教育。

第二十九条　各级人民政府应当建立和改善适合未成年人文化生活需要的活动场所和设施，鼓励社会力量兴办适合未成年人的活动场所，并加强管理。

第三十条　爱国主义教育基地、图书馆、青少年宫、儿童活动中心应当对未成年人免费开放；博物馆、纪念馆、科技馆、展览馆、美术馆、文化馆以及影剧院、体育场馆、动物园、公园等场所，应当按照有关规定对未成年人免费或者优惠开放。

第三十四条　禁止任何组织、个人制作或者向未成年人出售、出租或者以其他方式传播淫秽、暴力、凶杀、恐怖、赌博等毒害未成年人的图书、报刊、音像制品、电子出版物以及网络信息等。

第三十六条　中小学校园周边不得设置营业性歌舞娱乐场所、互联网上网服务营业场所等不适宜未成年人活动的场所。

营业性歌舞娱乐场所、互联网上网服务营业场所等不适宜未成年人活动的场所，不得允许未成年人进入，经营者应当在显著位置设置未成年人禁入标志；对难以判明是否已成年的，应当要求其出示身份证件。

第三十七条　禁止向未成年人出售烟酒，经营者应当在显著位置设置不向未成年人出售烟酒的标志；对难以判明是否已成年的，应当要求其出示身份证件。

任何人不得在中小学校、幼儿园、托儿所的教室、寝室、活动室和其他未成年人集中活动的场所吸烟、饮酒。

第三十八条　任何组织或者个人不得招用未满十六周岁的未成年人，国家另有规定的除外。

任何组织或者个人按照国家有关规定招用已满十六周岁未满十八周岁的未成年人的，应当执行国家在工种、劳动时间、劳动强度和保护措施等方面的规定，不得安排其从事过重、有毒、有害等危害未成年人身心健康的劳动或者危险作业。

第三十九条　任何组织或者个人不得披露未成年人的个人隐私。

对未成年人的信件、日记、电子邮件，任何组织或者个人不得隐匿、毁弃；除因追查犯罪的需要，由公安机关或者人民检察院依法进行检查，或者对无行为能力的未成年人的信件、日记、电子邮件由其父母或者其他监护人代为开拆、查阅外，任何组织或者个人不得开拆、查阅。

第四十一条　禁止拐卖、绑架、虐待未成年人，禁止对未成年人实施性侵害。

禁止胁迫、诱骗、利用未成年人乞讨或者组织未成年人进行有害其身心健康的表演等活动。

第五章　司法保护

第五十一条　未成年人的合法权益受到侵害，依法向人民法院提起诉讼的，人民法院应当依法及时审理，并适应未成年人生理、心理特点和健康成长的需要，保障未成年人的合法权益。

在司法活动中对需要法律援助或者司法救助的未成年人，法律援助机构或者人民法院应当给予帮助，依法为其提供法律援助或者司法救助。

第五十四条　对违法犯罪的未成年人，实行教育、感化、挽救的方针，坚持教育为主、惩罚为辅的原则。

对违法犯罪的未成年人，应当依法从轻、减轻或者免除处罚。

第五十五条　公安机关、人民检察院、人民法院办理未成年人犯罪案件和涉及未成年人权益保护案件，应当照顾未成年人身心发展特点，尊重他们的人格尊严，保障他们的合法权益，并根据需要设立专门机构或者指定专人办理。

第五十六条　公安机关、人民检察院讯问未成年犯罪嫌疑人，询问未成年证人、被害人，应当通知监护人到场。

公安机关、人民检察院、人民法院办理未成年人遭受性侵害的刑事案件，应当保护被害人的名誉。

第五十八条　对未成年人犯罪案件，新闻报道、影视节目、公开出版物、网络等不得披露该未成年人的姓名、住所、照片、图像以及可能推断出该未成年人的资料。

第六章 法律责任

第六十条 违反本法规定，侵害未成年人的合法权益，其他法律、法规已规定行政处罚的，从其规定；造成人身财产损失或者其他损害的，依法承担民事责任；构成犯罪的，依法追究刑事责任。

第六十四条 制作或者向未成年人出售、出租，或者以其他方式传播淫秽、暴力、凶杀、恐怖、赌博等图书、报刊、音像制品、电子出版物以及网络信息等的，由主管部门责令改正，依法给予行政处罚。

第六十六条 在中小学校园周边设置营业性歌舞娱乐场所、互联网上网服务营业场所等不适宜未成年人活动的场所的，由主管部门予以关闭，依法给予行政处罚。

营业性歌舞娱乐场所、互联网上网服务营业场所等不适宜未成年人活动的场所允许未成年人进入，或者没有在显著位置设置未成年人禁入标志的，由主管部门责令改正，依法给予行政处罚。

第六十七条 向未成年人出售烟酒，或者没有在显著位置设置不向未成年人出售烟酒标志的，由主管部门责令改正，依法给予行政处罚。

第六十八条 非法招用未满十六周岁的未成年人，或者招用已满十六周岁的未成年人从事过重、有毒、有害等危害未成年人身心健康的劳动或者危险作业的，由劳动保障部门责令改正，处以罚款；情节严重的，由工商行政管理部门吊销营业执照。

第六十九条 侵犯未成年人隐私，构成违反治安管理行为的，由公安机关依法给予行政处罚。

第七十一条 胁迫、诱骗、利用未成年人乞讨或者组织未成年人进行有害其身心健康的表演等活动的，由公安机关依法给予行政处罚。

中小学生法制教育知识手册